I0467914

Solaire PV Pompage de l'eau:

Comment Construire PV Systèmes de Pompage de l'eau Solaires pour Puits Profonds, les étangs, les Ruisseaux, les Lacs et les Cours d'eau

Christopher Kinkaid

Translation:
por Dr. Lisandro C. Vazquez Hernandez

Solardyne.com

Published by Solardyne, LLC
Portland, Oregon

ISBN-13: 978-1500495800
ISBN-10: 1500495808

Table des Matières

Préface

Pompage de l'eau est un gros travail. Électrique alimenté par panneaux solaires Pompes à eau (PV) sont le moyen le plus efficace pour pomper puits profond ou d'un étang peu profond, rivière, lac ou d'un ruisseau avec la haute performance, la fiabilité et le carburant sans frais. C'est votre club, étang ou un lac dans un site distant?

Solar Electric photovoltaïques (PV) à des prix historiquement bas, réduire les coûts et peut être votre solution pour le pompage de l'eau. Arrosez votre bétail, irriguer leurs vergers, des jardins, des champs ou des terres agricoles de ce guide à l'étape facile par étape avec des exemples précis de matériel de pompage de l'eau pour différentes situations.

Pomper l'eau de votre puits ou de la surface de la source de surface directement avec des panneaux solaires photovoltaïques. Taille du système solaire de l'eau de pompage ce guide étape par étape pour la définition et la construction de votre projet solaire de pompage de l'eau.

À propos de ce Livre

Cet e-livre est écrit comme un guide étape par étape pour la définition des "statistiques vitales" de votre projet de pompage d'eau solaire et choisir le bon équipement pour faire le travail. Si vous avez un projet solaire de pompage d'eau spécifique à l'esprit, puis visite de la PV Solaire système répertorie des exemples dans le Guide rapide dans le chapitre neuf.

Le Guide rapide contient cliquez sur les liens qui vous mèneront à un système solaire de pompage d'eau spécifique. Exemples solaires de pompage sont définis par la profondeur et de gallons par jour livrés bien. Si vous êtes de pompage d'une source d'eau de surface comme un étang, ruisseau, lac, petits systèmes fluviaux flux ou sont énumérés en gallons livrés.

Le chapitre 2 décrit le processus étape par étape pour configurer votre système à votre propre système, ou pour parler à un fournisseur extérieur. Utilisez ce processus pour identifier les "statistiques vitales" de votre système.

Le chapitre 3 traite de l'utilisation de sources d'énergie solaire, et la façon de configurer les exemples cités dans ce livre. **Chapitre 4** à 7 décrivent puits de pompage de l'eau par des pompes submersibles d'une profondeur de 20 pieds à 800 pieds. Les exemples incluent l'alimentation du système liste des pièces de l'énergie solaire photovoltaïque décrivant les panneaux solaires photovoltaïques spécifiques à utiliser, et ce que la tension du système de fonctionnement de la pompe pour une plus grande productivité.

Le chapitre 8 décrit le pompage de l'eau à l'énergie solaire pour les sources d'eau peu profondes comme les étangs, les lacs, les ruisseaux, les ruisseaux et petites rivières. Systèmes solaires photovoltaïques sont définies par "montée" en tout ou ascenseur, par exemple, de petites collines et escarpements sur leur propriété, et le total des "Run" ou la distance horizontale que vous souhaitez déplacer l'eau. Les systèmes solaires énumérées peuvent pomper jusqu'à 4 miles, et lever aussi haut que 400 pieds.

Cet book "PV solaire de pompage de l'eau" a été écrit pour être une ressource pour la planification et la mise en œuvre d'un système électrique (PV) solaire pompe à eau solaire pour fournir de l'eau à des sites distants. Idéal pour les cabines isolées, les maisons à distance, hors salon de la grille, le jardin, le jardinage, les projets agricoles et l'abreuvement du bétail, des panneaux solaires photovoltaïques font une excellente source d'énergie et peuvent pomper de grandes quantités d'eau.

À propos de l'auteur

Christopher Kinkaid

Christopher (Toby) Kinkaid, originaire de Portland, Oregon, est le fondateur de **Solardyne.com** , **SolarQuote.com** et **AlgaeToday.com** , et a travaillé dans la technologie de l'énergie propre pendant plus de trois décennies. Kinkaid est l'inventeur de la "**Helyx**" éolienne à axe vertical, le "**papillon**" sans images de concentration de module solaire photovoltaïque (fonctionnement continu à Sandia National Laboratory depuis 1994), la lentille optique concentrateur solaire démultiplexeur solaire (Dr. James / Sandia National Laboratory, 1991), et l'inventeur de la "**Solar Power Pack**" original (Terre-Mère Nouvelles, "**Littlest utilitaire**" Juin / Juillet 2001).

Kinkaid a été conférencier et présentateur à la technologie officielle de l'énergie propre dans le monde entier, y compris "APEC", Bangkok, Thaïlande, 2003, «World Energy Solutions", Tokyo, Japon, 2003, La Conférence internationale de la biomasse (IBC), 2010, Minneapolis, MN, et de l'Organisation (ABO) Conférence biomasse des algues, 2010, Phoenix, AZ.

Christopher (Toby) Kinkaid, est apparu dans des interviews télévisées Koin, KGW TV, et «Aujourd'hui durable" produit dans l'Oregon, et a siégé au conseil d'administration de l'Association nationale de l'hydrogène, Washington DC, 1993, le satellite Japon Communications Company (JCNET), Fukuoka, au Japon, de 1994 à 1995, et Algaedyne Corporation, Preston, MN, 2010-2013.

Kinkaid, est actuellement chef de la direction de Solardyne, LLC à Portland, Oregon, où il continue son travail sur l'énergie solaire, éolienne, biomasse et de la technologie, les applications, la recherche et le développement.

Introduction

La nécessité de pomper de l'eau est essentielle à la vie, et est avant l'âge néolithique. Sans eau courante, pas de civilisation. Alors, comme aujourd'hui, notre demande pour l'eau est vitale pour l'agriculture, l'élevage, résidentiel, les besoins commerciaux et industriels, et est disponible sur leur site tous les jours, l'énergie solaire peut être une source d'énergie efficace avec un grand avantage.

Aujourd'hui, les panneaux solaires électriques modernes (PV) entraîne la pompe à eau relativement facile à installer, rentable, et offre d'excellentes performances et de fiabilité là où ça compte: un jour dans le domaine. Les panneaux solaires photovoltaïques sont à l'état solide, sans pièces mobiles, scellés de l'environnement, résistant encadrées, notés pour les endroits extrêmes et réaliser souvent une garantie de 25 ans pour faire une alimentation électrique fiable.

Avec une bonne conception, et les options matérielles, (le point de cet Book) systèmes, pompage solaire de l'eau sont l'eau étonnamment productive passant de grandes profondeurs, et / ou déplacement sur de longues distances de l'eau avec un débit respectable.

Cet livre est conçu comme un guide étape par étape pour définir d'abord votre système de pompage solaire, alors correspondre à ce projet à l'un des exemples fournis. Si vous avez besoin échantillonneurs d'eau pompés plus dans la liste, utilisez le chapitre deux de la définition de votre projet afin que votre pompe à eau de fournisseur peut identifier rapidement le bon système pour votre projet spécifique. Les panneaux solaires photovoltaïques fournissent les tensions actuelles fortes qui répondent très bien aux pompes solaires DC disponibles sur le marché.

Utiliser l'énergie solaire pour pomper l'eau des puits de 20 à 800 pieds. Utiliser l'énergie solaire pour pomper l'eau de votre étang, lac, rivière, ruisseau ou une petite rivière à l'aide de pompes de surface. Vous avez un projet solaire de pompage de l'eau à l'esprit? Visitez le chapitre neuf pour un guide rapide pour les systèmes inclus.

Chapitre Un - eau solaire de pompage Big Picture

Systèmes de pompage de l'eau avec l'énergie solaire peuvent soulever des sources d'eau profondes directement les puits profonds et de la pompe à partir de sources de surface, comme les étangs, les lacs, les ruisseaux, les ruisseaux et petites rivières.

Il ya deux types de base de systèmes de pompage solaire de l'eau en fonction de votre eau: puits ou sources de surface.

Dans cet book, nous allons briser les questions que vous devez poser à définir les exigences du système. Ensuite, nous vous offrons ces exigences pour l'énergie solaire type de pompe à eau et la spécification appropriée pour le travail.

Besoin d'élever l'eau à plus de 600 pieds? Vous devez avoir au moins 7000 gallons livrés à un réservoir de 200 mètres de la pompe? Cet Book sera pas par ce qui est nécessaire pour développer ces questions et arriver à le meilleur système de pompage solaire pour le projet de pompage de l'eau en particulier.

Nous commençons par définir une application d'eau par jour - la quantité d'eau dont vous avez besoin chaque jour Quelle est votre source d'eau profonde? Nous avons besoin de connaître quelques informations de base sur le type d'eau de votre source d'eau. Pompes à eau solaires utilisent un équipement différent en fonction de la source d'eau est un bien ou de la surface de l'eau.

Pour le taux de pompage de puits profond pompe standard utilisé est la pompe submersible.

La pompe submersible a besoin d'un trou d'au moins 3″ pouces de diamètre (4 pouces pour les grandes pompes) et est tombé dans le puits avec le cordon d'alimentation, la chute de la corde, et le tuyau d'alimentation en eau panneaux solaires électriques photovoltaïques, supports de fixation et le contrôleur est monté sur le sol près de la tête de puits, d'une pompe et de câblage / tuyau submersible est tombé dans le puits.

sources d'eau de surface, généralement peu profonde, comme les lacs, les étangs, les ruisseaux, les rivières, les réservoirs ou les citernes utilisés une pompe de surface. Plusieurs types de pompes de surface sont fonction de la quantité d'eau à pomper, chacune ayant ses avantages et fonctionnalités. Plus tard dans ce livre sous les pompes de surface, nous allons passer en revue les différentes caractéristiques de chaque type, et comment analyser la "qualité de l'eau" de la source de surface. Étangs, lacs et autres systèmes ouverts peuvent être des particules nuageuses ou troubles dans l'eau, il est sablonneux. Certaines pompes sont vulnérables à l'eau de surface de sable. Si vous êtes l'eau est trouble ou graveleux alors un filtre en ligne est nécessaire.

Surface des systèmes de pompage à énergie solaire monté des panneaux solaires photovoltaïques, des étagères, et le contrôleur de la pompe elle-même sur le côté de la partie supérieure et monté à quelques mètres de la source d'eau. Pompes de surface sont placés à côté d'un ruisseau, étang ou d'un ruisseau où l'ombre généralement due à des arbres ou des arbustes. Dans ce cas, les panneaux solaires photovoltaïques peuvent être placés à 75 mètres de distance de la pompe.

La pompe de surface doit être placé sur le sol près de l'eau (moins de 10 mètres horizontalement et de 10 mètres à la verticale), et sur une base solide. Placer une petite dalle de béton n'est pas une mauvaise idée si vous allez sur la pompe pendant de longues périodes. Si vous êtes dans un climat extrême, alors vous ne devriez pas construire une boîte ou un enclos extérieur pour protéger la pompe et le contrôleur de la pompe contre les éléments. Une fois que votre pompe de surface est installé près de l'eau, que le tuyau d'aspiration est immergée dans la source d'eau. Pompes surface pompes submersibles sont différents, comme nous le verrons plus tard dans le livre.

Levez-vous, Course de la Journée de l'eau

Tous les projets de pompage de l'eau peuvent être définis par trois facteurs de base de l'eau: à la place, exécuter, et le volume d'eau désiré livrés chaque jour. Une fois que nous avons défini ces aspects, nous allons travailler la charge arrière et atteindre l'alimentation solaire adaptée à la taille de la pompe. Le "lieu" se réfère à la hauteur totale (de la tête), vous devez faire monter l'eau. Votre eau pourrait être un bon, par exemple, sachez que la nappe phréatique n'est pas à moins de 100 pieds de profondeur. Il peut également être nécessaire d'augmenter la hauteur supplémentaire de l'eau pour remplir votre réservoir ou d'une citerne. Ajouter tout ce temps pour atteindre le total de "montée."

"Exécuter" se réfère à la longueur de la distance nécessaire pour pomper l'eau dans la surface.

Bien que leur terre peut monter et descendre, la course se réfère à la longueur totale de la distance horizontale il faut pomper pour accéder à votre réservoir ou d'une citerne. Ensuite, vous devez avoir un numéro de la quantité quotidienne totale d'eau que vous devez fournir.

Beaucoup de pompes sont évalués par gallons par minute (GPM) de pompage. Cela peut être une valeur du leader disparu, par opposition à un plug-in AC pompe qui peut fonctionner aussi longtemps que vous le souhaitez, il ya une limite au nombre d'heures par jour de votre panneau solaire photovoltaïque va tourner sur la pompe.

Donc, penser en termes de nombre de gallons par jour (GPD), vous devez non seulement en termes de flux, mais la quantité totale de la production tous les jours.

Par exemple, les demandes pour l'abreuvement du bétail peuvent être estimés à 30 litres par jour et par tête (plus si dans un climat chaud). Un troupeau de 200 vaches nécessite 6000 gallons par jour. Assurez-vous d'estimer leurs besoins en eau en termes de gallons par jour (GPD), cela vous aidera à évaluer le système de pompage solaire de l'eau dont vous avez besoin pour votre application.

L'énergie solaire est une force puissante. L'intensité du soleil à un moment donné fluctuera être une source naturelle, et pour pomper l'eau qui est important, mais dans le cours du temps le soleil offre une énergie moyenne fiable. Le pic de l'énergie solaire (1000 watts par mètre carré) est utilisé pour estimer l'énergie réelle fournie par un panneau solaire photovoltaïque dans le but de pomper de l'eau. Chaque endroit sur terre a un pic équivalent solaire équivalent. À Portland, Oregon Pic Note heures est de 3,5 heures par jour.

Au Kansas, la parcelle de score dans les heures de pointe est de 5,5, par exemple.

Ses projets d'implantation font une recherche sur Internet pour les sites de notation aux heures de pointe. Multipliant énergie solaire des panneaux photovoltaïques la note maximale de son emplacement indique la quantité d'énergie de vos panneaux solaires photovoltaïques produisent, en moyenne, chaque jour sur votre site.

Exemple 1: Si votre site est de pompage dans le Kansas, avec une cote maximale de 5,5, puis 1 000 watts de puissance solaire va produire 5,5 kilowattheures (kWh) d'énergie par jour.

Exemple 2: Si votre site est de pompage dans le sud de la Californie (6,5 heures de pointe solaire) par un panneau solaire photovoltaïque classé 500 watts, la quantité d'énergie que le panneau solaire produit 500 watts? Réponse: l'énergie est égale à la puissance x temps.

La puissance nominale du panneau (500 watts) fois la valeur nominale aux heures de pointe (6,5 dans cet exemple) produit une puissance de 3250 watts-heure par jour de sortie, ce qui équivaut à 3,25 kilowatt-heures (kWh) de chaque jour.

Solaire de pompage de l'eau dans le domaine

Les pompes solaires peuvent fonctionner dans divers endroits, y compris les déserts, les tropiques, haute altitude, la météo et les environnements urbains. Si vous êtes de la taille de votre propre production d'énergie solaire d'un panneau solaire photovoltaïque devrait être "surestimée De" selon ces conditions extrêmes. Par exemple, tous les appareils électroniques n'aiment pas la chaleur, des températures plus élevées provoquent une chute de tension dans les modules photovoltaïques. Les panneaux solaires photovoltaïques, par définition, sont au soleil et peuvent devenir très chauds.

Si vous êtes dans un endroit particulièrement chaud réduire sa puissance de sortie de 20%. Dans les exemples donnés dans les chapitres ci-dessous la réduction de la puissance nécessaire a été calculé si vous suivez mes exemples que vous êtes tous ensemble. Si vous concevez vos propres systèmes alors assurez-vous de réduire la puissance des panneaux solaires.

Une fois que vous savez que votre élévation et la course, la clé suivante est de savoir combien d'eau vous avez besoin chaque jour. Une fois que vous connaissez votre besoin quotidien en gallons par jour (GPD), alors nous pouvons commencer à travailler le problème à l'envers pour en finir avec le bon équipement pour pomper l'eau.

Si votre source d'eau est situé dans un endroit éloigné, ou de l'électricité n'est pas disponible, ou coûteux à fil, l'énergie solaire est un choix efficace. Pompe à eau grille d'alimentation à l'aide de courant alternatif (AC) systèmes de pompage de l'eau avec l'énergie solaire à la place en courant continu (DC) pour donner un excellent match pour le panneau solaire photovoltaïque et des tensions de batterie.

Traditionnelle AC pompes fonctionnant hors de la grille de l'énergie traditionnelle sont le plus souvent des pompes centrifuges et sont conçus pour tourner autant d'eau que possible minutes à des vitesses très élevées de pompage.

Pompes typiques en CA ont un pouvoir de haute énergie est basée, en particulier lorsqu'ils sont confrontés à haute pression (souvent auto-induite de pompage plus que le tuyau peut gérer), ou dans le cas de débits très faibles, ce qui entraîne une moindre efficacité. Ces problèmes rendent les pompes à eau à l'énergie solaire une option attrayante du point de vue de la performance, car des tensions continues de votre panneau solaire sont conçus pour ressembler le tirage au sort de la pompe. Agir aussi comme chauffeurs maximales Trackers puissance (MPPT), ce qui augmente encore l'efficacité de la pompe à eau solaire DC.

Pour optimiser les performances du système DC pompes solaires photovoltaïques sont souvent construits de pompes plus efficaces, et l'utilisation

de la technologie "type de déplacement positif"
pomper une quantité fixe d'eau à chaque rotation
de la palette la pompe. Nuageux météo et le mal
peuvent avoir moins d'énergie à partir du soleil à un
moment donné, mais la pompe volumétrique, ne
subiront aucune perte de performance à faible
puissance. Par conséquent, si vous avez seulement
la moitié de la lumière du soleil, vous pomper
encore la moitié du volume d'eau. Excellente
gamme de l'efficacité pour des conditions réelles
des changements des niveaux de lumière.

Pompes AC sont conçus pour aller aussi vite que
possible afin de pomper plus d'eau le plus
rapidement possible. Cependant, ces pompes
haute puissance de l'électricité faim AC produire
une grande quantité de friction "interne" à
l'intérieur de l'énergie de gaspillage de tuyau. Plus
le diamètre de la conduite que vous choisissez, sera
le frottement interne pour une vitesse de l'eau
donnée. Pompes lentes, comme on le verra plus
tard dans les chapitres de la pompe de surface, de
profiter de l'eau se déplaçant lentement à travers le
tube d'efficacité considérablement augmenté.

Cela réduit au minimum la friction interne, et
diminue la taille de la matrice de l'énergie solaire
photovoltaïque pour alimenter le système de
pompage.

La stratégie de pompage solaire de l'eau vers DC
Plug Power AC faim à la pompe, est la course
classique entre le lièvre et la tortue. Pompe AC est

lièvre, le pompage de grandes quantités d'eau dans un court laps de temps. Le système de pompe à eau solaire DC est conçu pour être la tortue, et pendant la journée, de livrer la quantité d'eau que vous attendez le système. Cet avantage se traduit par d'importantes économies dans le coût de votre système, il est si petit.

Les pompes submersibles pour le pompage de l'eau de puits

Si votre source d'eau est un puits profond, alors vous avez une pompe submersible. Eh bien pompage de l'eau avec une pompe submersible, alimenté par des panneaux solaires photovoltaïques peut fournir de 1 gallon par minute (GPM) à plus de 80 GPM utilisant l'énergie solaire. Plus le jeu de panneaux solaires photovoltaïques, plus l'eau que vous pompez. La quantité d'eau peut être pompée avec une gamme de panneaux solaires photovoltaïques, car dépendra de l'augmentation totale (hauteur, tête), vous aurez à faire monter l'eau. Assurez-vous de discuter de votre niveau d'eau dans votre puits et estimation si votre table de gouttes d'eau que la pompe de l'eau.

La plupart des puits est réduite par la table de l'eau un peu, ou plus, sous certaines conditions, tout en pompant ce que vous voulez calculer la profondeur et avec une marge d'erreur pour compenser. C'est la profondeur qui fera baisser votre ligne de pente submersible avec une pompe (généralement corde ou câble).

Les pompes submersibles sont conçus pour les conditions difficiles d'être souterrain. Les températures les plus froides de l'eau à ces profondeurs aident à garder la pompe terme fraîche et prolonger la vie de la pompe.

Si vous prévoyez d'utiliser une pompe submersible pour pomper courtes hauteurs verticales de l'eau des citernes ou des réservoirs au sol de terre à un débardeur, par exemple, puis une certaine protection contre la surchauffe de la pompe doit être utilisé. Si vous allez à la pompe à partir d'un fond de la cuve, le plafond (seulement 25-35 pieds verticalement), et que vous souhaitez utiliser une pompe submersible, puis monter la pompe à l'intérieur (concentrique) un grand tube en plastique verticale qui agit comme une cheminée.

Le tube est plus grand que le diamètre de la pompe pour permettre à l'eau de s'écouler vers le haut et autour de la pompe. La "hauteur" du tuyau en matière plastique est légèrement plus longue que la pompe, avec la pompe dans le centre.

L'idée est que la pompe à chaleur de la prise d'eau aura une direction à suivre, avec plus d'eau que la partie inférieure du tube, la pompe à liquide de refroidissement. Pompes de puits profonds submersibles n'ont pas de problème de surchauffe et sont conçus pour des conditions d'exploitation.

Cet book couvre différentes profondeurs de puits et la quantité d'eau avec des pièces solaires photovoltaïques liste la source d'alimentation adéquate dans les chapitres spécifiques ci-dessous. Vous choisissez votre énergie solaire pompe submersible sur la base de la profondeur de votre puits (RISE), qui est en fuite (Run), et la quantité totale d'eau par jour (GPD) que vous souhaitez offrir.

Pompes à eau submersibles solaires alimenté peuvent être conçus pour des systèmes plus petits et peuvent être nourris avec un minimum de 200 watts de l'énergie solaire photovoltaïque. Pompes à eau submersibles tels que Shurflo Aquatec SWP-9300 et 4000 sont conçus pour être directement alimenté par des panneaux solaires photovoltaïques de 100 à 200 watts, respectivement.

Ceux-ci et les modèles de pompe submersible Aquatec Shurflo peuvent fournir de 500 à 1000 gallons par jour (GPD) de l'élévation de l'eau de 200 pieds.

Sont mieux servis puits profonds jusqu'à 800 pieds de pompes à eau submersibles comme la ligne Grundfos et classé pour une plus grande capacité de levage, les débits d'eau plus élevés, et a, en général, besoin d' service de 15 à 20 ans avec une bonne installation. Grundfos fait SQFlex ligne de pompes submersibles. Si vous allez à une pompe de puits jusqu'à 800 mètres de profondeur, et la nécessité pour les grandes quantités d'eau, utiliser un submersible Grundos de la pompe. Maintenance, pompe long de la vie le sauver dans l'entretien du terrain, du temps et de l'effort de traction de votre pompe.

Contrôleurs de pompes solaires

Presque toutes les pompes à eau solaires ont besoin d'un câble de commande de la pompe entre le panneau solaire photovoltaïque et pompe submersible. Pilote échantillonner la tension et le courant produit par l'énergie d'un panneau solaire, et il correspond à la charge réelle de la pompe. Cela augmente considérablement l'efficacité.

Le contrôleur est le «cerveau» de votre système, allant d'une simple interrupteur marche / arrêt, un système intelligent qui contrôle son fonctionnement et vous avertit à surintensité, ou de l'exécution des conditions sèches et la pompe s'arrête.

Systèmes de plus grande pompe submersible solaire, pompes submersibles Grundfos comme SQFlex peut être alimenté directement par des panneaux solaires photovoltaïques ou petite éolienne (48-300 VDC) par la commande vers la droite. Vous pouvez également nourrir vos SQFlex pompes submersibles avec inverseur, générateur, batterie, réseau électrique, ou toute combinaison de ces sources d'énergie, comme une source d'alimentation de secours.

La gamme de pompes submersibles peut fonctionner dans presque n'importe quel SQFlex alimentation DC 30 à 300 VDC et de 90 à 240 VAC Puissance utilisant du courant alternatif. Cette pompes submersibles ont besoin d'un "pilote" pour gérer la puissance de la pompe.

Utilisation des panneaux solaires photovoltaïques simplement SQFlex submersible peut être contrôlé avec la boîte de contrôle IO50. Ce contrôleur dispose d'un manuel simple interrupteur marche / arrêt qui est monté entre le panneau photovoltaïque et pompe submersible solaire.

Cela vous permet de couper l'alimentation DC du panneau photovoltaïque solaire qui atteint la pompe submersible sera installé lors de l'inspection ou de l'entretien de la pompe.

Pour un meilleur contrôle de système de pompage submersible à l'aide d'une boîte interface 200 UM. Ce pilote vous permet de communiquer avec la pompe et contrôler différents aspects de votre système de pompage. Pour ajouter vent, batterie, générateur, alimentation secteur ou d'autres options d'alimentation dont vous avez besoin interface 200 UM.

Il ya de nombreux avantages à intégrées pour donner 200 UM dont l'état de fonctionnement, la consommation d'énergie, de diagnostic, et vous permet de connecter un commutateur de niveau d'eau.

Le commutateur de niveau d'eau est un flotteur à distance basculer la pompe quand le réservoir est plein.

Note: (Certains contrôleurs vous permettent d'avoir plusieurs pompes interrupteurs à flotteur aussi commencer à la pompe lorsque le niveau du réservoir est faible).

Contrôle de la pompe à eau solaire avec un interrupteur à flotteur est un excellent choix. Le détecteur de niveau peut être monté dans le réservoir, et peut être placé plus de 1600 mètres de l'unité de commande de la pompe.

Note: (utilisation 18 AWG deux pilotes, si vous flottez votre commutateur fonctionne loin du contrôleur).

Si vous vous connectez un générateur de secours pour alimenter la pompe, panneaux photovoltaïques également utilisés pour une utilisation normale, vous avez besoin de la boîte Interface AC IO101. Vous pouvez utiliser un générateur comme une sauvegarde, ou vous pouvez utiliser le réseau AC, le cas échéant, comme une source d'alimentation de secours.

Ce contrôle de zone d'interface est limitée à 120 sorties ACC de sorte que seules les entrées courant alternatif monophasé peuvent être manipulés.

Diesel back-up la production d'électricité ou de gaz sont généralement dimensionnés entre 1,5 et 3,5 kW pour le fonctionnement de ces pompes submersible SQFlex.

Les pompes submersibles entraînés par l'énergie solaire comme une forte tension. La tension est la "pression" électrique produite par des panneaux solaires photovoltaïques. La tension minimale dont vous avez besoin de votre générateur solaire de sorte que votre tension de la pompe est défini, et généralement de 12, 24, 48 ou 96 VDC. La tension minimale de 48 V DC pomper plus commun pour les puits profonds et pompes de surface est de 30 V DC charge, mais le câblage de 100 VDC est plus efficace pour maximiser votre pompe.

Les panneaux solaires photovoltaïques peuvent être connectés en série à 600 VDC, mais les systèmes de pompage, travaux d'eau solaire au mieux autour de 100 VDC, par conséquent, des panneaux solaires photovoltaïques reliés en série à 96 VDC, idéal pour les puits profonds.

Les panneaux solaires photovoltaïques sont de tailles et de puissances. Plus petit 5 watt panneaux solaires photovoltaïques - 80 watts généralement câblés comme 12 modules VDC. Pour alimenter une petite pompe submersible utilisant des panneaux photovoltaïques petits câbler vos panneaux en "série" pour augmenter la tension.

Deux panneaux 12VDC connectés en série produit 24 VDC. Les panneaux solaires photovoltaïques quatre fils série 12 VDC 48 VDC. Il s'agit d'un bon voltage de fonctionnement pour les petits systèmes de pompage.

Pompes de surface pour les citernes, réservoirs, étangs, lacs, ruisseaux et petites rivières

Sources d'eau peu profondes comme les étangs, les ruisseaux, les lacs et les petites rivières peuvent être pompé avec l'énergie solaire photovoltaïque amende, mais ont des demandes pompes submersibles. Pour le pompage des sources d'eau de surface qui vont utiliser une pompe de surface. Pompes de surface ont beaucoup de types, mais dans tous les cas sont montés près de la source d'eau, légèrement au-dessus de l'eau, et sur une base solide.

Beaucoup de vergers, de jardins et de champs, par exemple, sont arrosées à partir d'un réservoir de stockage, ou d'un réservoir situé au-dessus du champ de sorte que l'eau peut être alimenté par gravité pour les plantes en ouvrant une vanne. Pompage de l'eau d'un ruisseau à proximité, fonctionnant à moins de la hauteur du réservoir, présente un scénario typique de pompage de l'eau. Une énergie solaire de pompe de surface est utilisé pour pousser l'eau du ruisseau dans le réservoir source.

Des exemples des différents systèmes et les techniques de pompage surface solaire sont inclus dans les chapitres suivants.

Pompes de surface peuvent pousser l'eau et dans les pipelines longue distance pour remplir les réservoirs et cuves de stockage et réservoirs d'eau sous pression pour l'irrigation et l'abreuvement du bétail. Assurez-vous de placer votre pompe avec une superficie de 10-20 pieds au-dessus de la source d'eau, et plus proche, mieux c'est. Les pompes sont conçues pour pousser, pas tirer.

Depuis la pression atmosphérique est d'environ 15 psi pompe à vide peut être tirée est limitée à cette valeur au niveau de la mer. Pompes de surface sont grands pour pousser de longues distances de l'eau dans les canalisations et doivent être montés pas plus de 10 pieds au-dessus de la source d'eau.

Éléments nécessaires à la surface de pompage comprend des filtres en ligne pour enlever la poussière et protéger votre pompe, clapet de pied pour amorcer la pompe, et une course de puissance à sec pour allumer automatiquement la pompe si elle sèche filtres de ligne sont généralement en 10" et 30" cartouches et placés en ligne entre le tuyau d'admission (immergée) et de la pompe.

Chapitre II - Définition de traces meilleur système solaire pompe à eau pour l'usage

Maintenant, nous avons eu un aperçu de pompage solaire de l'eau aura quelques exemples pour illustrer les différences. La lecture de ce livre électronique suggère d'avoir un projet de pompage d'eau à l'esprit. C'est votre eau d'un puits ou d'une source peu profonde? Les étapes suivantes de définir vos besoins de pompage et donne la base pour choisir le meilleur matériel pour le travail.

Première étape: pompe submersible ou de surface?

Si votre eau provient d'un puits d'utiliser une pompe submersible. Si votre eau est peu profonde en profondeur, à partir d'un réservoir, réservoir, étang, ruisseau, rivière, lac ou petite rivière, alors vous aurez une pompe de surface.

Deuxième étape: "Rise" Qu'est-ce que la hauteur je dois pomper mon eau.

Ensuite, nous allons découvrir "l'urgence." Si vous allez à la pompe d'un puits, la hausse sera la profondeur de la nappe d'eau (la profondeur de l'eau dans le puits), majoré d'une marge d'erreur, ajouter 20 pieds de profondeur) ou ajouter plus vous pensez que le niveau de l'eau va baisser pendant le pompage quotidien.

Soyez sûr d'ajouter n'importe quelle hauteur supplémentaire au-dessus de la surface du bien, comme un réservoir ou d'une citerne. Vous pompez dimensionnement en fonction de la portance totale dont vous avez besoin.

Troisième étape: "Exécuter" Quelle est la distance horizontale que j'ai besoin, la.

Le "**Run**" est la distance horizontale totale que vous voulez pousser l'eau indépendamment des hauts et des bas dans la terre. Pour les pompes de surface, pompe d'options lentes, plus à venir plus tard sont capables de pousser les miles nautiques. Si votre projet de pompage d'eau a une grande "Exécuter" horizontale, pompes de surface spécifiques sont le meilleur choix.

Quatrième étape: Combien d'eau dois-je pomper et de livrer par jour?

Quelle quantité d'eau dont vous avez besoin pour pomper dépend de ce que vous faites.

Êtes-vous arroser un jardin ou un terrain? Irrigation jardinage, ou une source d'eau pour une maison, chalet, ou le site distant?

Dans l'exemple ci-dessus a été utilisée pour l'abreuvement du bétail. Estimation de chaque tête de bétail ont besoin de 30 gallons par jour (GPD) peut être estimée besoins du troupeau journalier multiplié par le nombre de bovins.

Les pompes à eau sont généralement en gallons par minute (GPM). Puisqu'il ya 60 minutes par heure, toutes les heures de l'eau sera pompée 60 fois GPM. Si le GPM est de 10 litres par minute, d'une heure devait livrer 600 gallons.

Panneaux solaires électriques, cependant, fournissent de l'énergie au cours de la journée, et estime le nombre de "pic" équivalent donné lieu reçoit du soleil. Les flux ne reçoivent pas l'image totale de l'énergie solaire. Il est essentiel d'évaluer vos besoins et la taille totale quotidienne de votre pompe à eau solaire basé sur le total de gallons par jour (GPD) qui doit correspondre à la demande d'énergie de la pompe à la production d'énergie des panneaux solaire photovoltaïque.

Cinquième étape: la quantité d'énergie solaire dois-je sur mon site?

Le soleil est une source puissante d'énergie. Demandez à quelqu'un qui est pris dans le soleil pendant quelques heures.

En termes de pouvoir réel, le soleil est évaluée dans des conditions de test standard (STC). La condition STC définit la densité de puissance maximale de l'énergie solaire à la surface de la Terre 1000 watts par mètre carré (environ 10,5 mètres carrés).

Remarque: STC définit également le montant de la masse d'air prend le chemin du soleil (1,5 AMO), température (77 degrés F) à 25 degrés C, une vitesse de vent de 2 m / s définit en outre une condition standard pour essais et photovoltaïque note de panneaux solaires.

Pour déterminer la quantité d'énergie solaire qui a son emplacement surélevé dom heures de pointe pour votre position sur une carte du site. Dans nos exemples, nous utilisons ici une place dans le Kansas, avec 5,5 heures de pointe solaires. Rechercher des emplacements de qualité solaire aux heures de pointe.

Produit brut de l'énergie solaire dans les meilleures conditions pour un ciel clair, 1 kilowatt (1000) Watt de puissance optique. Modules solaires électriques (panneaux photovoltaïque PV) convertissent cette énergie lumineuse en courant continu (DC) avec un bon rendement livrer environ 140 watts d'électricité par mètre carré.

Les panneaux solaires photovoltaïques sont "câblés" pour produire une tension désirée. Chaque "Cell" solaire produit environ 1/2 volts DC sur leur propre.

Étonnamment, même lorsque les cellules solaires nuageux produisent des tensions est bonne.

La quantité d'énergie solaire augmenter la quantité de cellules solaires "réels" produisent. Plus, beaucoup plus courant. Lumière directe du soleil Les cellules solaires sont reliés entre eux pour produire des modules solaires à être utilisés pour le projet de pompage solaire.

Un mètre carré de lumière du soleil est une puissance électrique. Produire 140 watts, 12 VDC, un mètre carré de l'énergie solaire fournit plus de 10 ampères de courant. Il s'agit d'une quantité respectable de puissance et peut pomper une quantité incroyable d'eau.

L'énergie produite par le capteur photovoltaïque panneaux solaires de puissance régime multiplié par le nombre d'heures de soleil pointe pour votre emplacement.

Une fois que vous savez que votre ascension, Exécuter, et le volume d'eau par jour requis pour tout projet de pompage solaire parce que vous êtes maintenant en mesure de la taille et de la puissance de ce système avec le système approprié PV solaire.

Système de conception de la pompe à eau solaire correspond à la demande d'énergie de la pompe avec la production d'énergie des panneaux solaires.

Dans les chapitres suivants, nous passerons en revue les différents systèmes, pompage solaire de l'eau pour des profondeurs et les volumes d'eau donné.

Sixième étape: choisir le meilleur système à énergie solaire PV de pompage de l'eau

Dans les chapitres suivants, choisir le meilleur système de pompage solaire pour votre projet. Correspondre à la profondeur de votre puits, puis sélectionnez la meilleure illustration basée sur la quantité totale d'eau que vous souhaitez offrir tous les jours pour que le système en profondeur.

Une fois que vous savez ces statistiques essentielles sur votre projet solaire de l'eau de pompage de votre fournisseur de la pompe peuvent apprendre comment configurer votre système.

Votre autre option est de faire correspondre les systèmes présentés dans cet book qui répondent à vos besoins plus d'eau.

Si vous ne voyez pas un système assez fort contenu dans cet book, puis passer par les étapes ci-dessus et contacter un fournisseur de la pompe solaire, ou visitez Solardyne.com pour plus d'informations.

Chapitre Trois: L'énergie solaire photovoltaïque à l'aide (PV) des panneaux d'alimentation

Le soleil est une source puissante d'énergie et est idéale pour le pompage de l'eau.

Les modules solaires produisent du courant continu et sont bien adaptés à des sites extérieurs pour leur extrême durabilité et une fiabilité éprouvée dans le domaine.

Les panneaux solaires photovoltaïques produisent des tensions même en cas de faible luminosité qui vous donne une certaine capacité à pomper même par temps nuageux, avec une puissance maximale sont produits à haute soleil.

L'énergie produite par le panneau solaire photovoltaïque sera multiplié par la puissance nominale par de pointe heures de soleil par jour pour votre site.

Vérifiez que l'emplacement de l'énergie solaire Carte .

Toutes les tensions sont "descente." Pour allumer une charge de 12 V DC panneau solaire photovoltaïque, qui devra produire plus de 12 V tension continue à conduire la charge, soit à partir d'une batterie ou un panneau solaire.

Pour un groupe de 12 V DC PV solaire pour produire une tension plus élevée est le fabricant de câbles de 36 cellules solaires en série à l'intérieur du module. Câblage des cellules solaires en série, "ajoute" les contraintes de production d'un nominal de 18 VDC.

Sous la charge, lorsque la pompe est activée, la tension va baisser comme photovoltaïques pouvoirs de panneaux solaires, la pompe.

Petit panneaux solaires photovoltaïques 5 watts à 120 watts panneaux sont généralement de 12 VDC. Pour le système des tensions fil plus gros panneaux en série. Deux en série de 24 VDC.

Quatre de chaque série de 48 VDC. plus grands panneaux solaires photovoltaïques, 140 watts - 280 watts sont câblés à 24 VDC chacun.

Fils deux panneaux photovoltaïques en série pour les systèmes 48VDC, panneaux photovoltaïques sur quatre séries de 96 V DC - Tension Idéal pour puits profonds.

Remarque : Le câblage des panneaux solaires photovoltaïques sur les séries de rangées de fil métallique pour augmenter la tension (courant reste la même), le câble en parallèle pour augmenter le courant (la tension reste la même).

Les systèmes de pompage solaire de l'eau sont conçus pour fonctionner dans une plage de tension, généralement de 30 à 300 VDC. Sauf indication contraire, utiliser au moins 48 V DC système.

L'exception à cette règle serait quand un certain petit système de pompage solaire photovoltaïque de 12 ou 24 correspond à un VDC spécifique de 12 à 24 pompe de VDC utilisé. La règle générale est plus profond des profondeurs nécessitent des tensions plus élevées.

Montage Ses panneaux solaires photovoltaïques - Options

Les panneaux solaires peuvent être montés dans une variété de façons. Ces options comprennent Pole Position, le plafond des plantes ensemble de montage, la surveillance passive, et l'assemblage de suivi actif.

Supports fixes tiennent le panneau solaire photovoltaïque à un angle d'inclinaison est réglable spécifique. Pour augmenter la production de la matrice de l'énergie solaire photovoltaïque peut désaisonnaliser cet angle pour maximiser l'exposition solaire.

Tous les ensembles solaires sont montés à faire face au sud quand votre site est dans l'hémisphère nord (Remarque: North Point vos panneaux si vous êtes dans l'hémisphère sud).

Les panneaux photovoltaïques pour le pompage de l'eau ont besoin d'un appui solide et fiable. Les panneaux solaires photovoltaïques peuvent être montés sur pôle, soit en tant que bouchon, ou peuvent être montés côte à Pôle Haut-de-la-perche.

Accessoires à montage latéral Pôle a un support sur le bas et du haut des panneaux solaires photovoltaïques. Pôle de montage est une excellente option, car elle conserve les panneaux sur le sol en minimisant les effets de masse, comme la poussière accrue. En outre, le câblage des panneaux, une fois monté sur le matériel de montage montage, il est plus facile à faire que ramper sous les panneaux solaires photovoltaïques (J-Box se trouvent à l'arrière du panneau) est le main.

Pôle de montage des panneaux solaires photovoltaïques font également l'installation plus facile.

Les panneaux solaires photovoltaïques sont montés plus petit dans la norme 1.5" Set # 40 du tuyau. Préparation du site implique de prévoir un trou, et la mise en place de son poste dans le ciment et les granulats.

Big modules photovoltaïques solaires, jusqu'à 2000 watts au haut de la Pole Position, sont montés sur les deux 2.5" Set # 40 conduite, 3.5" ou 4.5" tuyau pour les grandes matrices. Exemples ci-dessous appellera le diamètre spécifique de l'ensemble du tube.

Pour robustesse et à faible coût, vous pouvez également monter plantes panneaux solaires usine de montage est un rack A-Frame pour ajuster son angle d'inclinaison. Idéal pour l'assemblée générale de panneaux solaires photovoltaïques en prenant angle est l'angle de latitude, 15 degrés et soustraire. Par conséquent, si votre emplacement a une latitude de 45 degrés, l'angle d'inclinaison est de 30 degrés mesurés à l'horizontale.

Remarque: Si votre site est dans un endroit tropical, ou dans un endroit très ensoleillé, le meilleur angle est un angle quelconque.

Equitation écrans plats. Cette obtiendrez le rayonnement solaire le plus «global», qui est à la fois des rayons directs et indirects.

Vous pouvez également monter le générateur solaire sur votre toit, si le toit est près de son site ainsi. Dans la plupart des cas, ce n'est pas, donc je vais seulement parler de cette option.

La production de l'énergie solaire est augmentée si vous êtes toujours pointez le panneau solaire photovoltaïque vers le soleil. Suivi du matériel rend ce soit dans un axe - Matin par nuit, ou deux axes (Altitude et Azimut), qui est plus précis.

Trackers sont classés en deux types: passives et actives, respectivement. Surveillance passive comme la vitesse Zomeworks a une grande force, et la sortie des panneaux solaires photovoltaïques augmentations de l'énergie d'environ 25% en moyenne. Trackers utilisent type passif chauffage inégal de panneaux de gaz d'auto-ajustement interne le long de la journée.

Pompage aime la lumière solaire directe. Après la course du soleil, les panneaux solaires photovoltaïques augmentent la production d'énergie - production d'énergie au fil du temps. La quantité d'eau pompée avec des panneaux solaires photovoltaïques est une fonction directe de l'énergie. Le plus d'énergie produite par le photovoltaïque solaire, plus l'eau est pompée.

Suivi actif à l'aide Trackers Wattsun actifs augmente la production de panneaux solaires photovoltaïques de 35%. L'utilisation de servomoteurs et d'un capteur solaire, alimenté par un générateur solaire séparément les trackers Wattsun extraire le maximum de puissance de votre générateur photovoltaïque solaire. Il ya une augmentation des coûts pour le matériel, mais augmente les performances du système de façon spectaculaire. Si votre site est très éloignée, je ne recommanderais pas de pièces mobiles, et le meilleur polo vais avec montage entretien potentiel. Si vous avez un accès facile à votre site, ou vous êtes dans un très faible encombrement, le suivi des actifs est une excellente option pour augmenter les performances.

Dans les systèmes d'échantillonnage ci-dessous, nous allons utiliser deux panneaux de l'énergie solaire photovoltaïque à titre d'exemples. Pour les petits panneaux solaires photovoltaïques avec une capacité de 12 V DC chacune, les panneaux Dasol 30, 60, 90 et 135 watts de puissance sont cités. Pour les plus grands panneaux solaires photovoltaïques vont utiliser la ligne REC en utilisant le formulaire sur 250 populaire et largement disponibles watts nominal (panneau) 24 V DC chacun.

Les systèmes d'énergie solaire sont énumérés ci-dessous l'utilisation de ces panneaux solaires, ou une combinaison de panneaux solaires pour augmenter la tension et / ou pompé plus d'eau courante.

.

Chapitre Quatre: pompe de puits en eau peu profonde avec de l'énergie solaire entre 20 et 200 pieds de profondeur

Dans ce chapitre, nous nous pencherons sur la fourniture de l'énergie solaire et les systèmes de pompage des puits peu profonds jusqu'à 200 pieds de profondeur. Systèmes de pompage (comptant moins de 200 pieds d'altitude), comme dans cet exemple, peut utiliser la pompe submersible Shurflo 9300 petit et. Les pompes Shurflo sont excellents pour ces eaux peu profondes (jusqu'à 230') et sont idéales pour les 12 et 24 Vcc.

Il est très facile de construire un système d'énergie solaire photovoltaïque pour alimenter 12 VDC ou 24 VDC systèmes.

Panneaux solaires photovoltaïques de 100 à 200 watts sont idéales dans cette gamme et produisent de 1,95 GPM à 20 mètres de profondeur, à 1,52 GPM pour des profondeurs allant jusqu'à 230 pieds.

Le 9300 utilise SHUFlo "Pompes volumétriques" et avoir un rendement élevé dans des conditions de terrain. Le Shurflo est un bon choix pour vos puits peu profonds, mais parce qu'il est une sorte de "déplacement positif" diaphragmes de pompe doit être remplacé tous les 2-4 ans en fonction de la quantité d'utilisation.

Pour changer l'ouverture, vous devez désactiver la pompe (dans le pilote) pour libérer l'électricité solaire photovoltaïque à la pompe. Ensuite, vous devez tirer la pompe, qui est à prendre, avec la ligne d'automne qui a eu lieu en même temps. Vous devrez peut-être remplacer les brosses, Vannes à membrane tous les deux ans ou plus, mais vous avez une grande performance de la pompe.

(Remarque: Vérifiez que le connecteur entre le câble et la pompe se corrode parfois dans des environnements hostiles).

Le Shurflo 9300 est une pompe submersible, et avec l'énergie solaire photovoltaïque droit peut soulever 1,3 GPM à 230 pieds de profondeur, et près de 2 gpm des puits peu profonds. De petits panneaux solaires photovoltaïques pour pomper l'eau de 12 à 24 VDC

Comme exemple, nous allons utiliser des panneaux photovoltaïques Dasol 12 et 24 VDC systèmes de pompage. Panneaux REC Solar PV seront utilisées pour les grands systèmes de pompage à l'aide de 250 watts de panneaux solaires photovoltaïques dans les chiffres ci-dessous.

Panneaux Dasol, et REC Solar PV sont constitués de cellules solaires monocristallines qui produisent les plus grandes efficacités solaires, avec une forte tension et la sortie courant sur un large éventail de conditions solaires.

Pour alimenter la pompe Shurflo 9300 aura à choisir le bon pilote. Il ya deux options: le contrôleur 902-100, 902-200 et modèles, respectivement. Chacun des systèmes ci-dessous ont été sélectionnés comme des suggestions.

Le contrôleur 902-110 est le pilote de base, et n'est pas étanche donc n'oubliez pas de monter l'abri des intempéries. Les contrôleurs de protéger votre pompe à partir d'un état de surcharge de courant et une faible tension en tournant la pompe pour protéger le circuit. Le 902-100 est idéale pour 24 VDC générateurs solaires photovoltaïques.

Le contrôleur série 902 dispose d'un bouton de réglage 12 VDC ou 24 VDC systèmes. Cette commande comprend un sélecteur manuel / arrêt et trois entrées de capteurs à faible eau haute / et le câble du capteur. Les capteurs peuvent accrocher sur votre bien et de détecter une condition de manque d'eau pour empêcher la pompe de fonctionner à sec, ce qui peut endommager la pompe.

Ce qui suit est une liste des systèmes de pompage de l'eau avec l'énergie solaire avec une liste de pièces. S'il vous plaît analyser la profondeur et de gallons par jour et jusqu'à ce que vous trouver un système qui décrit mieux à vos besoins de pompage d'eau.

Exemple A:

Profondeur de 20 pieds bien - 1,95 gpm d'approvisionnement en eau:

Pièces:

Deux (2) de panneaux solaires photovoltaïques nominale 30 V CC et 12 watts chacun. 60 watts gamme.
Exemple de panneau photovoltaïque: Dasol DS-A18-30, la taille de chaque: 27,2" x 13,8" x 1"
Haut-de-pôle matériel de montage pour deux panneaux de 30 watts (connectés en série pour 24

VDC) Supports 1.5 Programme # 40 conduite. Un Shurflo 9300 Pompe submersible. Shurflo 902-200 Contrôleur (robinet à flotteur, capteurs de niveau d'eau, en option). Déposez cordon de câble (# 10-2C), et des matériaux de base spécifiques au site

Remarque: Pour le calcul de la production quotidienne d'eau multipliant GPM x 60 x pic pour votre site.

Exemple: (1,95 x 60 x 5,5) à Kansas 5,5 heures de soleil pointe énumérés pour ce site. Cela revient à une moyenne de 643 gallons par jour. Utilisez votre nominale de pointe heure pour votre site web pour calculer la quantité d'eau que ce système va produire dans votre région.

Exemple B:

Bien profondeur de 20 pieds - l'approvisionnement en eau de 24 gallons par minute:

Pièces:

Deux (2) de panneaux solaires photovoltaïques nominaux 250W DC 24 V chacun, 500 watts au total. Exemple solaire photovoltaïque: PV solaire REC 250PE, chaque taille: 65,5" x 39" x 1.5″

Programmation Haut-de-Pôle Matériel de montage pour deux panneaux 250 watts (connectés en série pour 48 VDC) Supports en 2.5" # 40 tube.

Un (1) Modèle 40 Pompe submersible Grundfos SQF-3 avec 4" nominal diamètre de 24 GPM.

Un (1) Grundfos Contrôleur: CU200 um (interrupteur à flotteur en option, communications) câble de dérivation, cordon d'alimentation, et le site spécifique des matériaux de fondation.

Journal d'eau pompée est GPM x 60 x pic pour votre site (5,5 heures de pointe à Kansas par exemple). Système produit 7920 gallons par jour en moyenne.

Exemple C:

Profondeur de 50 pieds bien - approvisionnement en eau de 27 gallons par minute:

Pièces:

Quatre (4) des panneaux solaires photovoltaïques nominaux 250W DC 24 V chacun, 1 000 watts au total. Exemple de panneau solaire photovoltaïque: PV solaire. REC 250PE, taille chaque 65,5" x 39" x 1.5"

Haut-de-Pôle Matériel de montage pour quatre panneaux de 250 watts (connectés en série pour 96 VDC) Supports en 3.5" Set # 40 tube.

Un (1) Modèle 40 Pompe submersible Grundfos SQF-5 avec 4" nominal diamètre de 27 GPM.

Un (1) Grundfos Contrôleur: CU200 um (interrupteur à flotteur en option, communications) câble de dérivation, cordon d'alimentation, et le site spécifique des matériaux de fondation.

Journal d'eau pompée est GPM x 60 x pic pour votre site (5,5 heures de pointe à Kansas par exemple). Système produit 8910 gallons par jour en moyenne.

Exemple D:

Bien profondeur de 60 pieds - Eau livrer 1,75 gallons par minute:

Pièces:

Deux (2) photovoltaïques nominale des panneaux solaires de 60 watts chacun, pour un total de 12 V DC 120 watts chacun.

Exemple de panneau photovoltaïque: Dasol DS-A18-60, la taille de chaque: 27,2" x 26,2" x 1.38"

Haut-de-Pole matériel de montage pour deux panneaux de 60 watts (connectés en série pour 24 V CC) Supports 1.5" Programme # 40 tube.

Un (1) Shurflo 9300 Pompe submersible nominale de 1,75 GPM.

Un (1) Contrôleur Shurflo 902-200 (interrupteur à flotteur trois capteurs d'eau en option).

Drop Cable, Cordon d'alimentation (n ° 10-2C), et des matériaux de fondation.

Eau totale fournie à l'emplacement de notre exemple (Kansas) avec qualité Pico solaire heures de pointe 5.5. Eau quotidienne totale est estimée GPM x 60 x heures de pointe notation équivalente à 577 litres par jour.

Exemple E:

Profondeur de 75 pieds bien - approvisionnement en eau de 8 litres par minute:

Pièces:

Deux (2) de panneaux solaires photovoltaïques nominaux 250W DC 24 V chacun, 500 watts au total.

Exemple solaire photovoltaïque: PV solaire REC 250PE, la taille de chaque 65,5" x 39" x 1,5"

Un (1) Haut-de-Pôle Matériel de montage pour deux panneaux 250 watts (connectés en série pour 48 VDC) Monts 2.5" Set # 40 tube. Un (1) Modèle Pompe submersible Grundfos SQF-11-2 avec 3 "nominal diamètre de 8 GPM.

Un (1) Grundfos Contrôleur: CU200 um (interrupteur à flotteur en option, communications) matières spécifiques tomber câbles, câble site d'alimentation et fondations.

Journal de l'eau pompée 2640 gallons par jour est estimé.

Exemple F:

Profondeur du puits de 100 pieds - Livraison de l'eau 1,61 gallons par minute:

Pièces:

Deux (2) des panneaux solaires photovoltaïques évalué à 90 watts chacun pour un total de 180 watts à 12 VDC chaque.

Exemple de panneau photovoltaïque: Dasol DS-A18-90, la taille de chaque 39" x 26,2" x 1.38"

Haut-de-pôle matériel de montage pour deux panneaux de 90 watts (PV connectés en série pour 24 V CC) est monté sur 1,5" Set # 40 tube.

Un (1) Shurflo 9300 Pompe submersible. Un (1) 902-200 SHURFLO Controller (capteurs optionnels de l'eau disponible et robinet à flotteur).

Déposez matériaux câble, câble d'alimentation (# 10-2C), et des fondations

Production quotidienne estimée de 531 litres d'eau par jour.

Exemple G:

Ainsi profondeur de 100 pieds - approvisionnement en eau 6,4 gallons par minute

Pièces:

Deux (2) de panneaux solaires photovoltaïques nominaux 250W DC 24 V chacun, 500 watts au total.

Exemple Groupe: PV solaire REC Modèle: 250PE, chaque taille: 65,5" x 39" x 1.5"

Haut-de-Pôle Matériel de montage pour deux panneaux 250 watts (connectés en série pour 48 VDC) Supports en 2.5" Programme # 40 tube.

Un (1) Modèle Pompe submersible Grundfos SQF-11-2 avec 3" nominal diamètre de 6,4 GPM.

Un (1) Grundfos Contrôleur: CU200 um (interrupteur à flotteur en option, communications).

Baisse câble cordon, et des matériaux de fondation site spécifique.

Journal d'eau pompée est GPM x 60 x pic pour votre site (5,5 heures de pointe à Kansas par exemple). Ascenseurs et système de pompes environ 2112 gallons par jour.

Exemple H :

Profondeur du puits de 100 pieds - L'approvisionnement en eau de 12 gallons par minute.

Pièces :

Quatre (4) des panneaux solaires photovoltaïques nominaux 250W DC 24 V chacun, 1 000 watts au total. Exemple Groupe : PV solaire REC Modèle : 250PE, chaque taille:. 65,5" x 39" x 1.5" Haut-de-Pôle Matériel de montage pour quatre panneaux de 250 watts (connectés en série pour 96 VDC) Supports en 2.5" Programme # 40 tube.

Un (1) Modèle Pompe submersible Grundfos SQF-11-2 avec 3" nominal diamètre de 12 GPM. Un (1) Grundfos Contrôleur : CU200 um (interrupteur à flotteur en option, communications) câble de dérivation, cordon d'alimentation, et le site spécifique des matériaux de fondation.

Journal d'eau pompée est GPM x 60 x pic pour votre site (5,5 heures de pointe à Kansas par exemple). Ascenseurs et système de pompes environ 3960 gallons par jour.

Exemple I :

Ainsi la profondeur de 100 pieds - Approvisionnement en eau 19 gallons par minute

Pièces:

Six (6) panneaux solaire photovoltaïque nominale de 250 V DC et 24 watts chacun, 1 500 watts au total. Exemple de panneau solaire: l'énergie solaire photovoltaïque REC Modèle: 250PE., La taille de chaque 65,5" x 39" x 1.5" Haut-de-pôle matériel de montage six panneaux 250 watts (connectés en série à 144 VDC) monte dans 3.5" Set # 40 tube. Un (1) Modèle 25 Pompe submersible Grundfos SQF-7 avec 3" nominal diamètre de 19 GPM. Un (1) Grundfos Contrôleur: CU200 um (interrupteur à flotteur en option, communications) câble de dérivation, cordon d'alimentation, et le site spécifique des matériaux de fondation.

Journal d'eau pompée est GPM x 60 x pic pour votre site (5,5 heures de pointe à Kansas par exemple). Ascenseurs et système de pompes environ 6270 gallons par jour.

Exemple J:

Bien profondeur de 200 pieds - L'approvisionnement en eau de 1,52 gallons par minute

Pièces:

Deux (2) des panneaux solaires photovoltaïques évalué à 135 watts chacun pour un total de 270 watts à 12 VDC chaque. Exemple Groupe: Dasol DS-

A18-135, chaque Taille : 56,7" x 26,2" x 1,38" Poids : £ 24 Haut-pôle matériel de montage pour deux panneaux de 135 watts (PV connectés en série pour 24 V CC) est monté 1.5" Programme # 40 conduite. Un (1) Shurflo 9300 Pompe submersible. Un (1) 902-200 SHURFLO Contrôleur (optionnel de clapet à flotteur et des capteurs d'eau). Drop Cable, Cordon d'alimentation (n ° 10-2C), et des matériaux de fondation.

L'eau pompée par jour Kansas 5,5 pic (emplacements de substitution note aux heures de pointe) est égal à x 60 x GPM pic. Le total pompé 500 gallons par jour.

Exemple K :

Ainsi profondeur de 200 pieds - approvisionnement en eau 3,8 gallons par minute

Pièces :

Quatre (4) des panneaux solaires photovoltaïques nominaux 250W DC 24 V chacun, 1 000 watts au total. Exemple : REC Solar PV panneaux solaires Modèle:. 250PE, la taille de chaque 65,5" x 39" x 1.5" Haut-de-Pôle Matériel de montage pour quatre panneaux de 250 watts (connectés en série pour 96 VDC) Supports à 2,5" Set # 40 tube. Un (1) Grundfos Pompe submersible Modèle diamètre 6 SQF-2-3" nominal de 3,8 GPM. Grundfos Contrôleur : CU200 um (interrupteur à flotteur en option, communications). Câble, la puissance, et des matériaux de fondation spécifique au site de baisse.

Journal d'eau pompée est GPM x 60 x pic pour votre site (5,5 heures de pointe à Kansas par exemple). Ascenseurs et système de pompes environ 1254 gallons par jour.

Exemple L:

Ainsi profondeur de 200 pieds - approvisionnement en eau 7,6 gallons par minute

Pièces:

Quatre (4) des panneaux solaires photovoltaïques nominaux 250W DC 24 V chacun, 1 000 watts au total. Exemple solaire photovoltaïque: PV solaire REC Modèle:. 250PE, la taille de chaque 65,5" x 39" x 1.5" Haut-de-Pôle Matériel de montage pour quatre panneaux de 250 watts (connectés en série pour 96 VDC) Supports à 2,5" Set # 40 pipe.

One (1) Grundfos Pompe submersible Modèle SQF-11-2 avec 3" de diamètre nominal de 7,6 GPM Un (1) Grundfos Contrôleur: CU200 um (interrupteur à flotteur en option, communications). Câble, la puissance, et des matériaux de fondation spécifique au site de baisse.

Journal d'eau pompée est GPM x 60 x pic pour votre site (5,5 heures de pointe à Kansas par exemple).

Ascenseurs et système de pompes environ 2500 gallons par jour.

Exemple M :

Ainsi la profondeur de 200 pieds - l'approvisionnement en eau 12 gallons par minute

Pièces :

Six (6) panneaux solaire photovoltaïque nominale de 250 V DC et 24 watts chacun, 1 500 watts au total.

Panneau solaire PV Exemple : REC Solar PV Modèle : 250PE, la taille de chaque 65,5" x 39" x 1.5" Haut-de-pôle matériel de montage six panneaux 250 watts (connectés en série à 144 VDC) montures. 3.5" Set # 40 tube.

Un (1) Modèle Pompe submersible Grundfos SQF-11-2 avec 3" nominal diamètre de 12 GPM.

Grundfos Contrôleur : CU200 um (interrupteur à flotteur en option, communications). Câble, la puissance, et des matériaux de fondation spécifique au site de baisse.

Journal d'eau pompée est GPM x 60 x pic pour votre site (5,5 heures de pointe à Kansas par exemple). Ascenseurs et système de pompes environ 3960 gallons par jour.

Chapitre Cinq - puits de pompage solaire de 400 pieds de profondeur

Dans ce chapitre, nous nous pencherons sur les systèmes de pompage alimentés par des puits solaires photovoltaïques en eau profonde à une profondeur de 400 pieds. Comme de plus en plus profonde que nous devons augmenter la tension et le courant produit par le générateur photovoltaïque solaire.

Des puits plus profonds de 200 mètres ont besoin d'eau plus de 48 VDC panneaux solaires, et sont mieux connectés à 96 VDC. Les panneaux solaires photovoltaïques sont habituellement évalués à 600 VDC afin que vos panneaux sont bien conçus et sont très bons pour le pompage de l'eau à ces tensions.

Exemple N:

Ainsi profondeur de 400 pieds - approvisionnement en eau 1,8 gallons par minute

Pièces:

Deux (2) de panneaux solaires photovoltaïques nominaux 250W DC 24 V chacun, 500 watts au total. Panneaux photovoltaïques exemple: PV solaire REC modèle:. 250PE, la taille de chaque 65,5" x 39" x 1.5"

Haut-de-Pôle Matériel de montage pour deux panneaux 250 watts (connectés en série pour 48 VDC) Supports à 2,5" Set # 40 tube.

Un (1) Modèle Grundfos Pompe submersible 3 SQF-3-3" nominal diamètre de 1,8 GPM. Un (1) Grundfos Contrôleur: CU200 um (interrupteur à flotteur en option, communications) Baisse câble cordon , et des matériaux de fondation site spécifique.

Journal d'eau pompée est GPM x 60 x pic pour votre site (5,5 heures de pointe à Kansas par exemple). Ascenseurs et système de pompes environ 594 gallons par jour.

Exemple O:

Ainsi profondeur de 400 pieds - approvisionnement en eau 4,8 gallons par minute

Pièces:

Quatre (4) des panneaux solaires photovoltaïques nominaux 250W DC 24 V chacun, 1 000 watts au total. Panneaux Exemple: PV solaire REC Modèle: 250PE, chaque taille:. 65,5" x 39" x 1.5"

Haut-de-Pôle Matériel de montage pour quatre panneaux de 250 watts (connectés en série pour 96 VDC) est monté sur 3.5" Programme # 40 tube. Un (1) Grundfos Pompe submersible modèle 6-SQF-3 avec 3 "nominal diamètre de 4,8 GPM. Un (1) Grundfos Contrôleur: CU200 um (interrupteur à flotteur en option, communications) Baisse câble cordon , et des matériaux de fondation site spécifique.

Journal d'eau pompée est GPM x 60 x pic pour votre site (5,5 heures de pointe à Kansas par exemple). Ascenseurs et système de pompes environ 1584 gallons par jour.

Exemple P:

Ainsi profondeur de 400 pieds - approvisionnement en eau 5,7 gallons par minute

Pièces:

Six (6) panneaux solaire photovoltaïque nominale de 250 V DC et 24 watts chacun, 1 500 watts au total. Panneaux Exemple: PV solaire REC Modèle: 250PE, chaque taille:. 65,5" x 39" x 1.5"

Programmation six panneaux 250 watts (connectés en série à 144 VDC) Supports à 3,5" Haut-de-Pôle Matériel de montage # 40 tube.

Un (1) Grundfos Pompe submersible modèle 6-SQF-3 avec 3" nominal diamètre de 5,7 GPM.

Un (1) Grundfos Contrôleur: .CU200 um (interrupteur à flotteur en option, communications) Baisse câble cordon, et des matériaux de fondation site spécifique.

Journal d'eau pompée est GPM x 60 x pic pour votre site (5,5 heures de pointe à Kansas par exemple).

Ascenseurs et système de pompes environ 1881 gallons par jour.

Chapitre Six - Systèmes Solaires de Pompage pour puits d'eau à une profondeur de 650 pieds

Voici plusieurs systèmes de pompage d'eau fonctionnant à l'énergie solaire pour puits profonds jusqu'à 650 pieds de profondeur sont énumérés. Comme pompée des profondeurs plus peuvent être nécessaires pour raccorder les câbles plus courts longueurs de fil.

Après l'estimation de la longueur totale de câble dont vous avez besoin pour votre confort, (Ajouter 20 pieds de marge), essayez d'acheter la longueur du câble sur une bobine.

Cependant, le talon est parfois nécessaire que les bobines peuvent être limités à 100 ou 250 pieds de long, respectivement, selon le fournisseur (il bobines 500 m).

Les trousses d'épissures sont disponibles auprès de votre fabricant de la pompe ou fournisseur de câble local, et seront nécessaires si la profondeur est supérieure à la pompe une seule longueur de câble sur la bobine (habituellement 2C avec fil de terre). Joints lorsqu'ils sont installés correctement sont robustes, font envelopper un pistolet à air chaud avant de l'utiliser.

Exemple Q:

Pi Profondeur du bien 650 - L'approvisionnement en eau de 0,9 gallons par minute

Pièces:

Deux (2) de panneaux solaires photovoltaïques nominaux 250W DC 24 V chacun, 500 watts au total. Exemple Groupe: PV solaire REC Modèle: 250PE, chaque taille: 65,5" x 39" x 1.5" Haut-de-Pôle Matériel de montage pour deux panneaux 250 watts (connectés en série pour 48 VDC) Supports en 2.5" Programme # 40 tube.

Un (1) Grundfos Pompe submersible Modèle 3 SQF-3. A 3" de diamètre nominal de 0,9 GPM. Un (1) Grundfos Contrôleur: CU200 um (caractéristiques optionnelles Interrupteurs à flotteur, communications). Drop câble cordon , et des matériaux de fondation site spécifique.

Journal d'eau pompée est GPM x 60 x pic pour votre site (5,5 heures de pointe à Kansas par exemple).

Ascenseurs et système de pompes environ 297 gallons par jour.

Exemple R:

Profondeur du puits de 650 pieds - L'approvisionnement en eau de 2,5 gallons par minute

Pièces:

Quatre (4) des panneaux solaires photovoltaïques nominaux 250W DC 24 V chacun, 1 000 watts au total. Panneaux Exemple: PV solaire REC Modèle: 250PE, chaque taille:. 65,5" x 39" x 1.5"

Haut-de-Pôle Matériel de montage pour quatre panneaux de 250 watts (connectés en série pour 96 VDC) est monté sur 3.5" Programme # 40 tube. Un (1) Modèle Grundfos Pompe submersible 3 SQF-3-3"nominal diamètre de 2,5 GPM. Un (1) Grundfos Contrôleur: CU200 um (interrupteur à flotteur en option, communications) Baisse câble cordon, et des matériaux de fondation site spécifique.

Journal d'eau pompée est GPM x 60 x pic pour votre site (5,5 heures de pointe à Kansas par exemple).

Pompes ascenseur solaire système de pompage et on estime que 825 gallons par jour.

Exemple S:

Pi Profondeur du puits 650 - Approvisionnement en eau 4.1 gallons par minute

Pièces:

Six (6) panneaux solaire photovoltaïque nominale de 250 V DC et 24 watts chacun, 1 500 watts au total. Panneaux Exemple: PV solaire REC Modèle: 250PE, chaque taille:. 65,5" x 39" x 1.5"

Programmation six panneaux 250 watts (connectés en série à 144 VDC) Supports à 3,5" Haut-de-Pôle Matériel de montage # 40 tube.

Un (1) Grundfos Pompe submersible modèle 6-SQF-3 avec 3 "nominal diamètre de 4,1 GPM. Un (1) Grundfos Contrôleur: CU200 um (interrupteur à flotteur en option, communications) Baisse câble cordon , et des matériaux de fondation site spécifique.

Journal d'eau pompée est GPM x 60 x pic pour votre site (5,5 heures de pointe à Kansas par exemple). Ascenseurs et système de pompes environ 1353 gallons par jour.

Chapitre Sept - Systèmes de pompage solaire pour puits de 800 pieds de profondeur

Systèmes de pompage solaires pour des profondeurs d'eau de 800 pieds nécessitent des tensions. Les panneaux solaires photovoltaïques sont connectés en série à "Ajouter" tension.

Pour produire "Ampère" fils panneaux solaires actuels plus (ou sous-chaîne) en parallèle.

Les systèmes solaires photovoltaïques sont configurés à la baisse de pompage à eau et la pompe contenue dans gallons d'eau par jour livrés. Grundfos pompes submersibles sont durables dans le domaine (boîtier en acier inoxydable), et installé correctement, peuvent fonctionner 12 à 15 ans avec un entretien minimal.

Si vous êtes de pompage à un réservoir ou d'une citerne près de son bien, n'oubliez pas d'ajouter la distance verticale qui a encore une fois pour pomper l'eau a atteint le sommet de son droit à sa levée totale requise.

Exemple T:

Profondeur du puits de 800 pieds - L'approvisionnement en eau de 1,6 gallons par minute

Pièces:

Cinq (5) des panneaux solaires photovoltaïques nominaux 250W DC 24 V chacun, 1 250 watts au total. Exemple solaire: l'énergie solaire photovoltaïque REC Modèle: 250PE, chaque taille:. 65,5" x 39" x 1.5" Haut-de-Pôle Matériel de montage pour cinq panneaux 250 watts (connectés en série à 120 VDC) Supports en 2.5" Programmation # 40 tube.

Un (1) Grundfos Pompe submersible modèle 6-SQF-3 avec 3" nominal diamètre de 1,6 GPM. Un (1) Grundfos Contrôleur: CU200 um (interrupteur à flotteur en option, communications) Baisse câble cordon , et des matériaux de fondation site spécifique.

Journal d'eau pompée est GPM x 60 x pic pour votre site (5,5 heures de pointe à Kansas par exemple).

Système d'énergie solaire et les pompes mécaniques d'environ 528 gallons par jour.

Exemple U:

Profondeur du puits de 800 pieds - L'approvisionnement en eau de 2,5 gallons par minute

Pièces:

Quatre (4) des panneaux solaires photovoltaïques nominaux 250W DC 24 V chacun, 1 000 watts au total. Exemple: REC Solar PV panneaux solaires Modèle:. 250PE, la taille de chaque 65,5" x 39" x 1.5" Haut-de-Pôle Matériel de montage pour quatre panneaux de 250 watts (connectés en série pour 96 VDC) Supports en 3.5" Set # 40 tube.

Un (1) Grundfos Pompe submersible modèle 6-SQF-3 avec 3" nominal diamètre de 2,5 GPM. Un (1) Grundfos Contrôleur: CU200 um (interrupteur à flotteur en option, communications). Baisse câble cordon, et des matériaux de fondation site spécifique.

Journal d'eau pompée est GPM x 60 x pic pour votre site (5,5 heures de pointe à Kansas par exemple). Pompes ascenseur solaire système de pompage et on estime que 825 gallons par jour.

Exemple V:

Ainsi la profondeur de 800 pieds -
approvisionnement en eau 3,4 gallons par minute

Pièces:

Six (6) panneaux solaire photovoltaïque nominale
de 250 V DC et 24 watts chacun, 1 500 watts au
total. Exemple: REC Solar PV panneaux solaires
Modèle: 250PE, chaque taille:. 65,5" x 39" x 1.5"
Haut-de-pôle matériel de montage six panneaux
250 watts (connectés en série à 144 VDC) Supports
en 3.5" Programme # 40 tube.

Un (1) Grundfos Pompe submersible modèle 6-
SQF-3 avec 3" nominal diamètre de 3,4 GPM. Un (1)
Grundfos Contrôleur: CU200 um (interrupteur à
flotteur en option, communications) Baisse câble
cordon , et des matériaux de fondation site
spécifique.

Journal d'eau pompée est GPM x 60 x pic pour votre
site (5,5 pic soleil Kansas, par exemple). Ascenseurs
du système solaire et des pompes d'environ 1122
gallons par jour.

Si vous cherchez un pompage solaire de système
photovoltaïque sur cette capacité, et recherchez un
système plus vaste, s'il vous plaît visitez
Solardyne.com pour plus d'informations sur les
grands systèmes.

Chapitre Huit - eau solaire de pompage d'un courant faible, ruisseau, lac, étang, rivière, réservoir ou d'une citerne

Dans les chapitres précédents, nous regardons pompe submersible pour les pompes à eau de puits. Considérons maintenant une surface de pompage source d'eau naturelle comme un ruisseau, un lac, un ruisseau ou d'un étang et de pompage des réservoirs et citernes.

La qualité de l'eau est un problème avec les sources de surface et les éléments de base pour le photovoltaïque système de pompage solaire impliquent généralement un filtre en ligne, flexible dans la prise (la seule immergée dans la source d'eau) , la pompe elle-même, le contrôleur de gestion du système, et le panneau d'alimentation électrique photovoltaïque de l'énergie solaire.

Contrairement à des sites typiques pour submersible Wells, qui sont souvent à l'extérieur et offrent un bon accès à l'énergie solaire des panneaux solaires photovoltaïques, la surface des sources d'eau sont souvent sous le couvert des arbres ou des arbustes. Si la pompe est à l'ombre, il peut être nécessaire de placer à distance de la pompe photovoltaïque (plus proche de la pompe préférable d'éviter la chute de tension sur longueurs de câbles) des panneaux solaires.

Pompes de surface, du type utilisé pour les sources d'eau peu profondes ne sont pas submergés, et doivent être situé à proximité de la source d'eau. Les pompes de surface sont maintenues au-dessus du sol avec seulement de l'entrée du tuyau immergé sous l'eau. Pompes de surface nécessitent une base solide, et justifient habituellement une petite plate-forme en béton comme une fondation.

Pompage de l'eau de surface est un besoin commun. Beaucoup de fermes, vergers, jardins maraîchers et petits jardins utilisent un "système d'alimentation par gravité" pour l'irrigation. Propriétaires cabines isolées et aussi utiliser cette méthode pour avoir un réservoir ou un réservoir à remplir avec de l'eau à partir de n'importe quelle source. Une fois plein, le fermier ouvre une vanne à proximité du fond du réservoir pour libérer de l'eau à leur domaine. Pour les propriétaires de la maison à distance, réservoir est placé à au moins 40 pieds (70 mètres) au-dessus du haut de la maison à une pression adéquate. La question ici est la source d'eau pour remplir le réservoir. Et, la puissance nécessaire pour entraîner le système solaire photovoltaïque et livrer leur eau.

Pompage solaire de l'eau est souvent utilisé pour remplir les réservoirs et citernes d'une source d'eau comme un ruisseau, étang, et d'autres sources dans le cadre du navire et à une certaine distance de la maison.

Les systèmes de pompage de surface suivants et leur surface respective de sources d'énergie solaire sont conçus pour ces situations. Pomper de l'eau de surface nécessite généralement une étape de filtration. Sélectionnez un filtre perméabilité 10 Micron pour une durée de vie de la pompe. Souvent exiger surface pompes pompe doit être amorcée avant le pompage. Si nécessaire, la plupart des fabricants offrent une vanne pompe à pied qui vous permet de transporter l'eau de la source à la pompe pour le démarrage. Le clapet de pied amorce la pompe pour le démarrage.

Pompage lent et efficace

Pompes lentes profiter de très faible puissance nécessaire pour pomper des milliers de gallons par jour. Pour atteindre ce rendement élevé pompes sol lent à des tolérances très élevées et donc ne peut pas tolérer le sable de l'eau. Utilisez les filtres en ligne pour enlever les particules fines et de la turbidité pour protéger votre pompe pour une longue vie. filtres de ligne sont classés par les particules fines qui peuvent être filtrés pour ralentir pompes utilisent 10 filtres de micron.

L'eau se déplace à travers une résistance rencontres de tuyaux. Pompage de l'eau trop vite, dans un trop grand pourcentage pour un diamètre de tuyau donné augmente la résistance non seulement ralentir son approvisionnement en eau, mais exerce une pression supplémentaire sur le dos de votre pompe. Pompage de l'eau avec une pompe lente avec 0,5" ou 0,75" prises femelles est conçu pour déplacer la quantité d'eau appropriée pour un site donné, le débit et la fourniture de l'énergie solaire.

Systèmes de pompage lent de l'énergie solaire sont bien adaptés pour les VDC systèmes d'énergie solaire de 12, 24 et 48. Cependant, pour le lecteur lent pompes directement à partir du champ solaire photovoltaïque, vous devez utiliser le bon pilote.

Dans la phase de mise en œuvre, plus de 12, 24, et 48 systèmes solaires VDC besoin d'un courant linéaire Booster (LCB). L'armature de LCB (y compris le conducteur) correspond à la tension et au courant de la puissance du panneau solaire à la tension et du courant de la pompe.

L'armature suffisante pour aider dans le mode de démarrage, lorsque les pompes puisent toujours

une forte charge de pointe de courant est
également accumulé.

Contrôleur de pompe Dankoff LCB DSP-200 est idéal
pour les 12 et 24 VDC systèmes de pompage nous
200 watts de puissance de crête. Boosters actuels
linéaires (LCB) ajoutés à haut rendement à de faibles
niveaux de lumière du soleil.

Le système d'énergie solaire exemple la liste du
matériel approprié pour l'élévation donnée (Rise), et
la distance linéaire à travers la ligne (Run) et (gallons
par jour) pour une situation donnée. Faites défiler la
liste jusqu'à ce que vous trouver un système
similaire à votre projet.

Parcourir les systèmes d'échantillonnage jusqu'à ce
que vous trouviez celui qui est proche de leurs
besoins en eau. Ces exemples donnent une idée de
la pompe à béton et alimentation solaire, il doit
pomper un ascenseur donné et à distance pour
votre projet.

Exemple W:

Rise (Total Lift): 20 pieds
Run (Distance totale dans les tuyaux): Jusqu'à 4
miles

Taux d'alimentation en eau 9,3 gallons par minute -
Pond, ruisseau, rivière, lac, petite rivière, réservoir ou
citerne: Shallow Water Source

Pièces:

Deux (2) Panneau solaire 135 watts PV nominale 12 V CC chaque, 270 watts au total. Panneaux solaires photovoltaïques Exemple:. Dasol DS-A18-135, chaque taille de 56,7" x 26,2" x 1.38" Haut-de-Pôle Matériel de montage pour deux panneaux de 135 watts (48 V CC connectés en série) Supports à 1,5" Set # 40 conduite (panneau solaire uniquement). vUn (1) Surface de travail Dankoff pompe solaire Modèle: 3040-48PV.

Un (1) Easy Install Dankoff Power Kit solaire pour les pompes à piston.

Un (1) Dankoff 30 "filtre en ligne / Clapet de pied Dankoff Contrôleur: PPT-48-10 comprend NEMA 3R, interrupteur à flotteur d'options vous permettent d'avoir un interrupteur à flotteur dans le réservoir de vide et interrupteur à flotteur dans le réservoir plein.

Câble, la puissance, et des matériaux de fondation spécifique au site de baisse. Quart de qualité alimentaire 30 poids d'huile non toxique. réparation Kit 3040 modules de base.

Journal d'eau pompée est GPM x 60 x pic pour votre site (5,5 heures de pointe à Kansas par exemple).

Ascenseurs et système de pompes environ 3069 gallons par jour.

Exemple X :

Rise (portance totale) 100 pieds
Run (Distance totale dans les tuyaux) Jusqu'à 4 miles

Taux d'alimentation en eau 2,3 gallons par minute - Pond, ruisseau, rivière, lac, petite rivière, réservoir ou citerne : Shallow Water Source

Pièces :

Un (1) puissance de panneau solaire photovoltaïque de 135 watts à 12 VDC chacun. Exemple énergie solaire photovoltaïque:. Module solaire PV Dasol DS-A18-135, chaque taille de 56,7" x 26,2" x 1.38"

Haut-de-Pôle Matériel de montage pour un panneau de 135 watts (12 V DC) est monté Programme 1.5 "# 40 tuyau (panneau solaire uniquement).

Un (1) Lent Dankoff pompe pompe de surface Modèle : 1303 Un (1) Dankoff 30" Filtre en ligne Valve / Pied interrupteur marche-sec Dankoff.   Un (1) Dankoff Contrôleur: DSP-200 comprend NEMA 3R , l'option interrupteur à flotteur. Déposez câble, la puissance, et des matériaux de base propres à chaque site.

Journal d'eau pompée est GPM x 60 x pic pour votre site (5,5 heures de pointe à Kansas par exemple).

Ascenseurs et système de pompes environ 759 gallons par jour.

Exemple Y:

Rise (portance totale): 100 pieds
Run (Distance totale dans les tuyaux): Jusqu'à 4 miles

Taux d'alimentation en eau 9,1 gallons par minute - Pond, ruisseau, rivière, lac, petite rivière, réservoir ou citerne: Shallow Water Source

Pièces:

Quatre (4) panneau solaire photovoltaïque évalué à 135 watts chacun 12 V DC, 540 watts au total. Panneaux Exemple: Panneaux solaires photovoltaïques Dasol DS-A18-135, chaque taille de 56,7"x 26,2" x 1.38"

Haut-de-Pôle Matériel de montage pour quatre panneaux de 135 watts (48 V cc relié en série) est monté sur Programme 2.5" # 40 tuyau (panneau solaire uniquement). Un (1) Surface de travail Dankoff pompe solaire Modèle: 3040-48PV.

Un (1) Easy Install Dankoff Power Kit solaire pour les pompes à piston. Un (1) crépine Dankoff 30" de la ligne / pied. Un (1) Contrôleur Dankoff PPT-48-10 comprend NEMA 3R, les options interrupteur à flotteur auront un interrupteur à flotteur dans le réservoir et vide interrupteur à flotteur dans le réservoir plein. Déposez câble, la puissance, et des matériaux de base propres à chaque site. Kit de réparation de 3040 modules de base Quart de qualité alimentaire 30 Poids de l'huile non-toxique..

Journal d'eau pompée est GPM x 60 x pic pour votre site (5,5 heures de pointe à Kansas par exemple). Système soulève et pompes jusqu'à environ 3000 gallons par jour.

Exemple Z:

Rise (Soulevez total): 200 mètres,
Run (Distance totale dans les tuyaux): Jusqu'à 4 miles

Taux d'alimentation en eau 2,1 gallons par minute - Pond, ruisseau, rivière, lac, petite rivière, réservoir ou citerne: Shallow Water Source

Pièces:

Deux (2) Panneau solaire 135 watts PV nominale 12 V CC chaque, 270 watts au total. Panneaux Exemple: Dasol DS-A18-135, chaque Taille: 56,7"x 26,2" x 1,38"

Poids: £ 24 Hardware Haut-de-Pôle de montage pour deux panneaux 135 watts (câblés en série 24 VDC) Supports Programme 1.5" # 40 tuyau (panneau solaire uniquement). Un (1) Lent Dankoff surface Pompe à pompe Modèle: 1303.

Un (1) Dankoff 30 "Power Line Bonde / Pied ValveDankoff la marche à sec. Un (1) Dankoff Contrôleur: DSP-200 comprend NEMA 3R, interrupteur à flotteur option. Déposez câble, puissance, et des matériaux de base propres à chaque site.

Journal d'eau pompée est GPM x 60 x pic pour votre site (5,5 heures de pointe à Kansas par exemple). Pompes à environ 693 gallons par jour lève système.

Exemple AA:

Rise (portance totale): 200 pieds
Run (Distance totale dans les tuyaux): Jusqu'à 4 miles

Shallow Water Source: étang, ruisseau, rivière, lac, petite rivière, réservoir ou citerne - taux de 4,8 gallons par minute de l'approvisionnement en eau.

Pièces:

Quatre (4) panneau solaire photovoltaïque évalué à 135 watts chacun 12 V DC, 540 watts au total. Exemple panneaux photovoltaïques:. Panneaux solaires photovoltaïques Dasol DS-A18-135, chaque taille de 56,7" x 26,2" x 1.38" Haut-de-Pôle Matériel de montage pour quatre panneaux de 135 watts (48

V cc relié en série) est monté 2.5" Set # 40 conduite (panneau solaire uniquement). Un (1) Surface de travail Dankoff pompe solaire Modèle: 3040-48PV.

Un (1) Dankoff Easy Install Kit pour les pompes à piston énergie solaire, Modèle: EZ3000 comprend Brass collecteur, vanne à bille, clapet anti-retour, manomètre, interrupteur de pression, raccords et robinet d'arrosage. Un (1) Dankoff Contrôleur: PPT-48-10 comprend NEMA 3R, les options interrupteur à flotteur aura un interrupteur à flotteur dans le réservoir de vide et interrupteur à flotteur dans le réservoir plein.

Un (1) Kit Float Switch. Un vide (1) Arrêt de modèle de réservoir. 11002 Un (1) Kit Float Switch réservoir plein modèle de fermeture. Câble 11023 baisse, la puissance, et des matériaux de base propres à chaque site. Quart de qualité alimentaire 30 poids d'huile non toxique (pour lubrifier le moteur).

Un (1) Kit de réparation 3040 modules de base, modèle 3522, comprend un kit d'emballage, disques de soupape de néoprène, ressorts des joints de boîte de vanne d'eau avec laveuse Cub / goupille cuir. diamètre du port d'entrée est de 1,5 cm, avec un diamètre d'orifice de sortie de 1 pouce.

Journal d'eau pompée est GPM x 60 x pic pour votre site (5,5 heures de pointe à Kansas par exemple).

Ascenseurs du système solaire et des pompes d'environ 1584 gallons par jour.

Exemple BB:

Rise (portance totale): 400 pieds
Run (Distance totale dans les tuyaux): Jusqu'à 4 miles

Taux d'alimentation en eau 1,1 gallons par minute - Pond, ruisseau, rivière, lac, petite rivière, réservoir ou citerne: Shallow Water Source

Pièces:

Trois (3) Panneau solaire électrique PV: 135 Watt 12 V DC chaque, 405 watts au total. Panneaux solaires photovoltaïques Exemple: Dasol DS-A18-135, chaque Taille: 56,7"x 26,2" x 1.38"

Haut-de-Pôle Matériel de montage trois panneaux de watts (135 connectée en série 36 VDC) Supports à 1,5" calendrier n # 40 tuyau (panneau solaire uniquement). Un (1) pompe de surface lente Dankoff modèle de pompe 1303. Un (1) crépine Dankoff 30" Line / pied Un (1) Variation de la marche à sec Dankoff. Un (1) Contrôleur Dankoff DSP -200 inclut câble, puissance, et des matériaux de base spécifiques au site NEMA 3R, l'option interrupteur à flotteur. baisse.

Journal d'eau pompée est GPM x 60 x pic pour votre site (5,5 heures de pointe à Kansas par exemple). Ascenseurs et système de pompes environ 363 gallons par jour.

Exemple CC:

Pompes à membrane Dankoff Solaram utilisé pour pomper de l'eau à des fins commerciales industrielle et de la lumière. Alimentations solaires photovoltaïques dans 24 VDC offrent des performances exceptionnelles pour élever l'eau à de grandes hauteurs allant jusqu'à 960 pieds. La pompe à membrane est plus puissant surface Pompe à Solaram Dankoff. Ces pompes à membranes sont durs et la construction durable. Sable de tolérance et de fonctionnement à sec, ces pompes offrent un cheval à travailler dur pour les endroits extrêmes.

Rise (portance totale): 400 pieds
Run (Distance totale dans les tuyaux): Jusqu'à 4 miles

Taux d'alimentation en eau 4,4 gallons par minute - Pond, ruisseau, rivière, lac, petite rivière, réservoir ou citerne: Shallow Water Source

Pièces:

Six (6) solaire photovoltaïque alimentation du panneau: 135 Watt 12 V DC chaque, 810 watts au total. panneaux photovoltaïques. Exemple: les panneaux solaires photovoltaïques Dasol DS-A18-135, chaque taille de 56,7" x 26,2" x 1.38" Haut-de-pôle matériel de montage six panneaux 135 watts (câblés en parallèle / série 24 VDC) est monté sur 2,5" Set # 40 tuyaux (panneaux solaires

seulement). Un (1) Pompe à membrane Dankoff
Solaram modèle. Contrôleur 23 A (1) Dankoff
Solaram 30 ampères pour 24 VDC solaire pompes.

Un (1) crépine Dankoff 30 de la ligne "/ pied.
Options Un (1) Changer Dankoff interrupteur à
flotteur aura un réservoir de flottaison à vide et
interrupteur à flotteur dans le réservoir plein /
désactiver la fonction.

A (1) Câble Kit Float Switch Dankoff. Drop,
puissance, et des matériaux de fondation, en plus
d'un lit et de qualité alimentaire 30 poids
lubrification à l'huile non toxique.

Journal d'eau pompée est GPM x 60 x pic pour votre
site (5,5 heures de pointe à Kansas par exemple).
Ascenseurs et système de pompes environ 1452
gallons par jour.

le stockage de l'eau mise sous pression et

Systèmes pour les logements ou les cabines, de
l'eau de la pompe d'eau isolé classiques d'un puits
ou d'une source d'eau dans un "réservoir de
pression" peu profonde qui stocke l'eau pour un
usage domestique de pompage. Les réservoirs sous
pression peuvent être montés sur le rez de
chaussée, près de la maison ou de la cabine. La
pression pour déplacer l'eau depuis le réservoir vers
sa maison / voiture est produite par une vessie
gonflable à l'intérieur du réservoir qui force l'eau à
travers l'origine des tuyaux.

Cette pression de l'inflation est alimentée par la source d'énergie solaire / éolienne en place, et est également utilisé l'énergie solaire pour pomper l'eau dans le réservoir.

Une autre approche, que le pompage solaire de l'eau, utilise la gravité pour produire la pression de l'eau dans la maison. La puissance des pompes à eau solaires photovoltaïques, l'utilisation de panneaux solaires photovoltaïques de leur source d'eau (par exemple, un cours d'eau voisin) à un réservoir situé à une altitude supérieure à votre maison. Basse pression à usage domestique est obtenu lorsque le réservoir est au moins 40 pieds au-dessus de la maison.

Pour arriver à 30 PSI, considéré comme la pression normale de l'eau dans les villes que vous devriez avoir votre réservoir d'au moins 70 pieds au-dessus de la maison.

Systèmes de pompage solaire sont excellentes eau pour remplir votre réservoir, et équipé d'un "commutateur de flotteur", la pompe peut être désactivé lorsque le réservoir est plein. Les interrupteurs à flotteur peuvent être installés dans des réservoirs et citernes jusqu'à 200 mètres de distance de la commande de la pompe.

Chapitre Neuf: Un guide rapide pour solaires exemples de pompage de l'eau dans Levante, Flow et de gallons par jour

Différents systèmes de pompage d'eau fonctionnant à l'énergie solaire, selon que vous êtes de pompage d'un puits ou d'une source de surface, Total Lift, flux pompés solaires, et la livraison quotidienne de l'eau en gallons par jour énumérés ci-dessus dans chaque chapitre qu'ils sont.

Systèmes photovoltaïques solaires pompe Propulsé pour les sources d'eau profonde ainsi:

Des exemples de systèmes de pompage solaire de l'eau dans la profondeur du puits, le débit en gallons par minute (gpm) et Nombre de gallons par jour gallons par jour (GPD)

A: 20 Pie Eh bien, le pompage 1,95 GPM, délivrant 643 GPD

B: 20 Pie Eh bien, pompage 24 GPM, offrant 7920 GPD

C: 50 Pie Eh bien, pompage 27 GPM, offrant 8910 GPD

D: 60 Pie Eh bien, le pompage 1,75 GPM, délivrant 577 GPD

E: 75 Pie Eh bien, le pompage 8 GPM, offrant 2640 GPD

F: 100 Pie Eh bien, le pompage 1,61 GPM, délivrant 531 GPD

G: 100 Pie Eh bien, le pompage 6.4 GPM, offrant 2112 GPD

H: 100 Pie Eh bien, pompage 12 GPM, offrant 3960 GPD

I: 100 Pie Eh bien, pompage 19 GPM, offrant 6270 GPD

J: 200 Pie Eh bien, le pompage 1,52 GPM, délivrant 500 GPD

K: 200 Pie Eh bien, le pompage 3,8 GPM, offrant 1 254 GPD

L: 200 Pie Eh bien, le pompage 7,6 GPM, offrant 2.500 GPD

M: 200 Pie Eh bien, pompage 12 GPM, offrant 3960 GPD

N: 400 Pie Eh bien, le pompage 1,8 GPM, délivrant 594 GPD

O: 400 Pie Eh bien, le pompage 4,8 GPM, offrant 1 584 GPD

P: 400 Pie Eh bien, le pompage 5,7 GPM, offrant 1 881 GPD

Q: 650 Pie Eh bien, le pompage 0,9 GPM, délivrant 297 GPD

R: 650 Pie Eh bien, le pompage 2,5 GPM, délivrant 825 GPD

S: 650 Pie Eh bien, le pompage 4.1 GPM, offrant 1 353 GPD

T: 800 Pie Eh bien, le pompage 1,6 GPM, délivrant 528 GPD

U: 800 Pie Eh bien, le pompage 2,5 GPM, délivrant 825 GPD

V: 800 Pie Eh bien, le pompage 3,4 GPM, offrant 1 122 GPD

Source faible systèmes de pompage de l'eau:

systèmes de pompage de l'eau avec l'énergie solaire pour pomper l'eau jusqu'à quatre miles de distance qualifiés par Vertical Lift doivent pomper plus, que les collines et les obstacles, pour aller de la source d'eau des systèmes (rivière, ruisseau, étang ou lac) à leur réservoir ou citerne.

W: Ascenseur 20 pieds Vertical, 9,3 GPM pompage, offrant 3069 GPD

X: Vertical altitude de 100 pieds, le pompage 2.3 GPM, délivrant 759 GPD

Y: Ascenseur 100 pieds Vertical, 9.1 GPM pompage, offrant 3.000 GPD

Z: Ascenseur Vertical 200 pieds, 2.15 GPM pompage, offrant 709 GPD

AA: Ascenseur Vertical 200 pieds, 4,8 GPM pompage, offrant 1 584 GPD

BB: Vertical altitude de 400 pieds, le pompage 1.1 GPM, délivrant 363 GPD

CC: 400 Ascenseur pied vertical, 4.4 GPM pompage, offrant 1 452 GPD

Systèmes de pompage de l'eau avec l'énergie solaire sont remarquables pour leur efficacité, même avec une petite quantité de lumière du soleil. Accédez à l'énergie quotidienne se met en place la pompe pour alimenter la pompe et de livrer des centaines de milliers de litres par jour.

Assurez-vous de planifier votre projet de pompage de l'eau de l'énergie solaire photovoltaïque en termes de préparation du site, conception de l'équipement, équipement et l'approvisionnement, la livraison du matériel, l'installation de l'équipement, y compris alimentation solaire Matériel de montage, contrôleur, et tous les câbles fil / tube / mise à la terre. Toujours utiliser **ATTENTION** lors de l'installation et de travailler avec des appareils électriques. Les panneaux solaires photovoltaïques produisent des courants et des tensions respectables et toutes les procédures de sécurité doivent être respectées. Assurez-vous de lire le manuel d'installation et suivez attentivement les instructions à la lettre.

Systèmes sont installés et entretenus pompage photovoltaïque offrent une longue vie, une productivité élevée, et la facilité d'installation et d'exploitation. Le but de ce livre est de fournir une ressource pour les projets de recherche solaire de pompage de l'eau. J'espère que vous avez apprécié cet book et est utile dans la planification de votre projet solaire de pompage d'eau spécifique. Pour plus d'informations sur les systèmes plus importants, et d'autres questions de propre visite de l'énergie **Solardyne.com** partout dans le monde.

Profitez de votre pompe à eau solaire!